Florian Ion **PETRESCU**

A New Atomic Model

La presentation d'un modele atomique

CREATE SPACE
Publisher

USA 2012

Scientific reviewer:

Prof. Dr. Eng. Nicolae Mihăilescu

Copyright

Title book: A New Atomic Model - La presentation d'un modele atomique

Author book: Florian Ion PETRESCU

© **2011, Florian Ion PETRESCU**

petrescuflorian@yahoo.com

ALL RIGHTS RESERVED. This book contains material protected under International and Federal Copyright Laws and Treaties. Any unauthorized reprint or use of this material is prohibited. No part of this book may be reproduced or transmitted in any form or by any means, electronic or mechanical, including photocopying, recording, or by any information storage and retrieval system without express written permission from the authors / publisher.

ISBN 978-1-4699-3538-6

Welcome! A Short Book Description

The movement of an electron around the atomic nucleus has today a great importance in many engineering fields. Electronics, aeronautics, micro and nanotechnology, electrical engineering, optics, lasers, nuclear power, computing, equipment and automation, telecommunications, genetic engineering, bioengineering, special processing, modern welding, robotics, energy and electromagnetic wave field is today only a few of the many applications of electronic engineering. This first chapter presents shortly a new and original relation which calculates the radius with that the electron is running around the atomic nucleus.

Bienvenue! Une Courte Description du Livre

Le mouvement d'un électron autour du noyau atomique a aujourd'hui une grande importance dans beaucoup de champs de l'ingénierie. Electronique, l'aéronautique, le micro et nanotechnology, l'ingénierie électrique; optique; lasers; la puissance nucléaire calculant, le matériel et l'automatisation, les télécommunications, la manipulation génétique, bioengineering, le traitement spécifique, le soudage moderne, la robotique, l'énergie et le champ électromagnétique de la vague sont aujourd'hui seulement quelques uns des nombreux applications de l'ingénierie électronique. Ce premier chapitre présente bientôt un rapport nouvel et original qui calcule le rayon avec cela que l'électron court autour du noyau atomique.

PRESENTING OF AN ATOMIC MODEL AND SOME POSSIBLE APPLICATIONS IN LASER FIELD

INTRODUCTION

This chapter presents, shortly, a new and original relation (20 & 20') who determines the radius with that, the electron is running around the nucleus of an atom [2].

In the picture number 1 one presents some electrons that are moving around the nucleus of an atom [1].

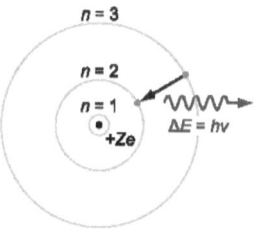

Fig. 1 *Electrons moving around the atomic nucleus;*
The atomic nucleus consists of nucleons (protons and neutrons)

One utilizes, two times the Lorenz relation (5), the Niels Bohr generalized equation (7), and a mass relation (4) which it was deduced from the kinematics energy relation written in two modes: classical (1) and coulombian (2). Equalizing the mass relation (4) with Lorenz relation (5) one obtains the form (6) which is a relation between the squared electron speed (v^2) and the radius (r).

The second relation (8), between v^2 and r, it was obtained by equalizing the mass of Bohr equation (7) and the mass of Lorenz relation (5).

In the system (8) – (6) eliminating the squared electron speed (v^2), it determines the radius r, with that the electron is moving around the atomic nucleus; see the relation (20).

For a Bohr energetically level (n=a constant value), one determines now two energetically below levels, which form an electronic layer.

The author realizes by this a new atomic model, or a new quantum theory, which explains the existence of electron-clouds without spin [1-2].

Writing the kinematics energy relation in two modes, classical (1) and coulombian (2) one determines the relation (3).

From the relation (3), determining explicit the mass of the electron, it obtains the form (4) [2].

$$E_C = \frac{1}{2} m \cdot v^2 \qquad (1)$$

$$E_C = \frac{1}{8} \frac{Z \cdot e^2}{\pi \cdot \varepsilon_0 \cdot r} \qquad (2)$$

$$m \cdot v^2 = \frac{1}{4} \frac{Z \cdot e^2}{\pi \cdot \varepsilon_0 \cdot r} \qquad (3)$$

$$m = \frac{Z \cdot e^2}{4 \cdot \pi \cdot \varepsilon_0 \cdot v^2 \cdot r} \qquad (4)$$

Now, we write the known relation Lorenz (5), for the mass of a corpuscle in function of the corpuscle squared speed.

With the relations (4) and (5) one obtains the first essential expression (6).

$$m = \frac{m_0 \cdot c}{\sqrt{c^2 - v^2}} \qquad (5)$$

$$\frac{m_0 \cdot c}{\sqrt{c^2 - v^2}} = \frac{Z \cdot e^2}{4 \cdot \pi \cdot \varepsilon_0 \cdot v^2 \cdot r} \qquad (6)$$

One utilizes now, the Niels Bohr generalized relation (7).

It uses for the second time the Lorenz relation (5) with the Bohr relation (7) and in this mode one obtains the second essential expression (8).

$$m = \frac{n^2 \cdot \varepsilon_0 \cdot h^2}{\pi \cdot r \cdot e^2 \cdot Z} \qquad (7)$$

$$\frac{m_0 \cdot c}{\sqrt{c^2 - v^2}} = \frac{n^2 \cdot \varepsilon_0 \cdot h^2}{\pi \cdot r \cdot e^2 \cdot Z} \qquad (8)$$

Now, one keeps just the two essential expressions (6 and 8). It writes (8) in the form (8').

$$\sqrt{c^2 - v^2} \cdot n^2 \cdot \varepsilon_0 \cdot h^2 = \pi \cdot r \cdot m_0 \cdot c \cdot e^2 \cdot Z \qquad (8')$$

Elevating the relationship (8') to the square, to explicit the squared electron speed, it obtains the form (9).

$$v^2 = \frac{(n^4 \cdot \varepsilon_0^2 \cdot h^4 - \pi^2 \cdot r^2 \cdot m_0^2 \cdot e^4 \cdot Z^2) \cdot c^2}{n^4 \cdot \varepsilon_0^2 \cdot h^4} \qquad (9)$$

The formula (9) can be put in the form (10), where the constant k takes the form (10').

$$v^2 = c^2 - k \cdot c^2 \cdot r^2 \qquad (10)$$

$$k = \frac{\pi^2 \cdot m_0^2 \cdot e^4 \cdot Z^2}{n^4 \cdot \varepsilon_0^2 \cdot h^4} \qquad (10')$$

Now one writes the essential relation (6) in the form (6').

$$4 \cdot m_0 \cdot c \cdot \pi \cdot \varepsilon_0 \cdot r \cdot v^2 = Z \cdot e^2 \cdot \sqrt{c^2 - v^2} \qquad (6')$$

Then, putting the relation (6') at the square, it obtains the formula (6'').

$$16 \cdot m_0^2 \cdot c^2 \cdot \pi^2 \cdot \varepsilon_0^2 \cdot r^2 \cdot v^4 = Z^2 \cdot e^4 \cdot (c^2 - v^2) \qquad (6'')$$

In the relation (6'') one introduce the squared velocity of the electron, taken from the expression (10) and one obtains the formula (11).

$$16 \cdot m_0^2 \cdot \pi^2 \cdot \varepsilon_0^2 \cdot (c^2 - k \cdot c^2 \cdot r^2)^2 = Z^2 \cdot e^4 \cdot k \qquad (11)$$

The (11) relationship can be arranged in the form (12).

$$(c^2 - k \cdot c^2 \cdot r^2)^2 = \frac{Z^2 \cdot e^4 \cdot k}{16 \cdot m_0^2 \cdot \pi^2 \cdot \varepsilon_0^2} \qquad (12)$$

One squares the relation (12) and it obtains the expression (13).

$$(c^2 - k \cdot c^2 \cdot r^2) = \pm \frac{Z \cdot e^2 \cdot \sqrt{k}}{4 \cdot m_0 \cdot \pi \cdot \varepsilon_0} \qquad (13)$$

The relation (13) can be arranged to the form (14).

$$k \cdot c^2 \cdot r^2 = c^2 \mp \frac{Z \cdot e^2 \cdot \sqrt{k}}{4 \cdot m_0 \cdot \pi \cdot \varepsilon_0} \qquad (14)$$

From relation (14) it explicit the squared electron radius and one obtains the relation (15).

$$r^2 = \frac{1}{k} \mp \frac{Z \cdot e^2}{4 \cdot m_0 \cdot \pi \cdot \varepsilon_0 \cdot \sqrt{k} \cdot c^2} \qquad (15)$$

Now, one exchange in the relation (15), the constant k with its expression (10') and it obtains the relation (16).

$$r^2 = \frac{n^4 \cdot \varepsilon_0^2 \cdot h^4}{\pi^2 \cdot m_0^2 \cdot e^4 \cdot Z^2} \mp \frac{n^2 \cdot h^2}{4 \cdot \pi^2 \cdot m_0^2 \cdot c^2} \qquad (16)$$

The expression (16) can be put in the form (17).

$$r^2 = \frac{n^4 \cdot \varepsilon_0^2 \cdot h^4}{\pi^2 \cdot m_0^2 \cdot e^4 \cdot Z^2} \cdot (1 \mp \frac{e^4 \cdot Z^2}{4 \cdot c^2 \cdot \varepsilon_0^2 \cdot h^2 \cdot n^2}) \qquad (17)$$

Extracting the square root of the expression (17), it obtains for the electron radius (r), the expression (18).

$$r = \pm \frac{n^2 \cdot \varepsilon_0 \cdot h^2}{\pi \cdot m_0 \cdot e^2 \cdot Z} \cdot \sqrt{1 \mp \frac{e^4 \cdot Z^2}{4 \cdot c^2 \cdot \varepsilon_0^2 \cdot h^2 \cdot n^2}} \qquad (18)$$

Physically there is only the positive solution (19).

$$r = + \frac{n^2 \cdot \varepsilon_0 \cdot h^2}{\pi \cdot m_0 \cdot e^2 \cdot Z} \cdot \sqrt{1 \mp \frac{e^4 \cdot Z^2}{4 \cdot c^2 \cdot \varepsilon_0^2 \cdot h^2 \cdot n^2}} \qquad (19)$$

The relation (19) is writing in final form (20) [3].

$$r = \frac{n^2 \cdot \varepsilon_0 \cdot h^2}{\pi \cdot m_0 \cdot e^2 \cdot Z} \cdot \sqrt{1 \mp \frac{e^4 \cdot ^2}{4 \cdot c^2 \cdot \varepsilon_0^2 \cdot h^2 \cdot n^2}} \qquad (20)$$

The expression (20) it's not just a new theory for calculating the radius with that the electron is running around the nucleus of an atom, it is also a really new theory of an atomic model, or a new quantum theory.

For a value of the quantum number n (for a constant atomic number Z), we haven't just one energetically level (like in the Bohr model).

Now we can find two energetically below levels, which form an electronic layer, an electronic cloud. For example, for n=1, we have two sublevels (two below levels) [1-2].

USED NOTATIONS

The permissive constant (the permittivity):
$$\varepsilon_0 = 8.85418 \cdot 10^{-12} [\frac{C^2}{N \cdot m^2}];$$

The Planck constant:
$$h = 6.626 \cdot 10^{-34} [J \cdot s];$$

The rest mass of electron:
$$m_0 = 9.1091 \cdot 10^{-31} [kg];$$

The Pythagoras number:
$$\pi = 3.141592654;$$

The electrical elementary load:
$$e = -1.6021 \cdot 10^{-19} [C];$$

The light speed in vacuum:
$$c = 2.997925 \cdot 10^8 [\frac{m}{s}];$$

n=the principal quantum number (the Bohr quantum number);

Z=the number of protons from the atomic nucleus (the atomic number) [2].

DETERMINING THE TWO DIFFERENT ELECTRON SPEED VALUES

Relationship (6'') may be written in the form (6''') [2].

$$16 \cdot m_0^2 \cdot c^2 \cdot \pi^2 \cdot \varepsilon_0^2 \cdot r^2 \cdot v^4 + \\ + Z^2 \cdot e^4 \cdot v^2 - Z^2 \cdot e^4 \cdot c^2 = 0 \qquad (6''')$$

It can see easily that the relation (6''') represents a two degree equation in v^2.

One calculates v^2 with the formula (6^{IVa}).

$$v_{1,2}^2 = \frac{-Z^2 \cdot e^4 \pm \sqrt{Z^4 \cdot e^8 + 8^2 \cdot m_0^2 \cdot \pi^2 \cdot \varepsilon_0^2 \cdot c^4 \cdot Z^2 \cdot e^4 \cdot r^2}}{2 \cdot 16 \cdot m_0^2 \cdot c^2 \cdot \pi^2 \cdot \varepsilon_0^2 \cdot r^2} \quad (6^{IVa})$$

Physically there is just the positive solution, and one keeps it for the relation (6^{IV}) (only the positive sign) [2].

$$v^2 = \frac{-Z^2 \cdot e^4 + \sqrt{Z^4 \cdot e^8 + 8^2 \cdot m_0^2 \cdot \pi^2 \cdot \varepsilon_0^2 \cdot c^4 \cdot Z^2 \cdot e^4 \cdot r^2}}{2 \cdot 16 \cdot m_0^2 \cdot c^2 \cdot \pi^2 \cdot \varepsilon_0^2 \cdot r^2} \quad (6^{IV})$$

It can thinks that the relation (6^{IV}) gives only one solution for the electron squared speed (v^2), but really there is two solutions for this parameter, v^2, because the value of the squared radius (r^2) gives two physically solutions. It put the relation (6^{IV}) in the form (6^V) [2].

$$v_{1,2}^2 = \frac{-1+\sqrt{1+\dfrac{8^2 \cdot m_0^2 \cdot \pi^2 \cdot \varepsilon_0^2 \cdot c^2}{Z^2 \cdot e^4} \cdot c^2 \cdot r^2}}{\dfrac{1}{2} \cdot \dfrac{8^2 \cdot m_0^2 \cdot c^2 \cdot \pi^2 \cdot \varepsilon_0^2}{Z^2 \cdot e^4} \cdot r^2} \qquad (6^V)$$

The formula (6^V) can be written in the form (6^{VI}), where the constant k_1 takes the form (6^{VII}) [2].

$$v_{1,2}^2 = \frac{\sqrt{1+k_1 \cdot c^2 \cdot r^2} - 1}{\dfrac{k_1}{2} \cdot r^2} \qquad (6^{VI})$$

$$k_1 = \frac{8^2 \cdot m_0^2 \cdot \pi^2 \cdot \varepsilon_0^2 \cdot c^2}{Z^2 \cdot e^4} \qquad (6^{VII})$$

Now one starts with relation (6^{VI}) who can be written in the form (21).

$$v^2 = \frac{2 \cdot c^2}{\sqrt{1+k_1 \cdot c^2 \cdot r^2} + 1} \qquad (21)$$

One notes the radical with R (see the relation 22).

$$R = \sqrt{1+k_1 \cdot c^2 \cdot r^2} \qquad (22)$$

In relation (22) one introduces for r^2 the expression (20) and it obtains the form (22').

$$R = \sqrt{1 + \frac{k_1 \cdot c^2}{k} \cdot (1 \mp \frac{2 \cdot \sqrt{k}}{c \cdot \sqrt{k_1}})} \qquad (22')$$

In relation (22') one exchanges the two constant k_1 and k with the two values from expressions (6^{VII}) respective (10') and it obtains for (22') the form (22'') [2].

$$R = \sqrt{1 + \frac{8^2 m_0^2 \cdot \pi^2 \cdot \varepsilon_0^2 \cdot c^4 \cdot n^4 \cdot \varepsilon_0^2 \cdot h^4}{Z^2 \cdot e^4 \cdot \pi^2 \cdot m_0^2 \cdot e^4 \cdot Z^2} \cdot (1 \mp \frac{2\pi \cdot m_0 \cdot e^4 \cdot Z^2}{8n^2 \cdot \varepsilon_0^2 \cdot h^2 \cdot c^2})} \qquad (22'')$$

One put the expression (22'') in the form (22''').

$$R = \sqrt{1 + \frac{8^2 \cdot \varepsilon_0^4 \cdot c^4 \cdot h^4 \cdot n^4}{e^8 \cdot Z^4} (1 \mp \frac{e^4 \cdot Z^2}{4\varepsilon_0^2 \cdot c^2 \cdot h^2 \cdot n^2})} \qquad (22''')$$

The expression (22''') will be written in the form (22^{IV}).

$$R = \sqrt{1 + \frac{8^2 \cdot \varepsilon_0^4 \cdot c^4 \cdot h^4 \cdot n^4}{e^8 \cdot Z^4} \mp \frac{2 \cdot 8 \cdot \varepsilon_0^2 \cdot c^2 \cdot h^2 \cdot n^2}{e^4 \cdot Z^2}} \qquad (22^{IV})$$

The expression (22^{IV}) can be restricted to the forms (22^{V}) and (22^{VI}).

$$R = \sqrt{\left(1 \mp \frac{8 \cdot \varepsilon_0^2 \cdot c^2 \cdot h^2 \cdot n^2}{e^4 \cdot Z^2}\right)^2} \qquad (22^{V})$$

$$R = \left|1 \mp \frac{8 \cdot \varepsilon_0^2 \cdot c^2 \cdot h^2 \cdot n^2}{e^4 \cdot Z^2}\right| \qquad (22^{VI})$$

One notes with E the expression (23).

$$E = \frac{8 \cdot \varepsilon_0^2 \cdot c^2 \cdot h^2}{e^4} \cdot \frac{n^2}{Z^2} \qquad (23)$$

This expression must be evaluated.

$$E = \frac{8 \cdot 8.85418^2 \cdot 10^{-24} \cdot 2.997925^2 \cdot 10^{16}}{1.6021^4 \cdot 10^{-76}} \cdot \\ \cdot \frac{6.626^2 \cdot 10^{-68} \cdot n^2}{Z^2} = \frac{37564.06551 \cdot n^2}{Z^2} \qquad (23')$$

For Zmax=92, we have a minimum of expression E (23''):

$$E_{min} = 4.438098477 \cdot n^2 \qquad (23'')$$

It can see easily that Emin > 1:

$$E_{min} \succ 1 \qquad (24)$$

Now, one can write the expression (22^{VI}) in the forms (22^{VII}) a, and b:

$$R_1 = E - 1 \qquad (22^{VIIa})$$

$$R_2 = E + 1 \qquad (22^{VIIb})$$

Only now the expression (21) can be evaluated and reduced to two forms (21^{Ia}) and respective (21^{Ib}):

$$v_1^2 = \frac{2 \cdot c^2}{E - 1 + 1} \qquad (21^{Ia})$$

$$v_2^2 = \frac{2 \cdot c^2}{E + 1 + 1} \qquad (21^{Ib})$$

The two relations take the forms (21^{II}) a, and b:

$$v_1^2 = \frac{c^2}{\dfrac{E}{2}} \qquad (21^{IIa})$$

$$v_2^2 = \frac{c^2}{\dfrac{E}{2}+1} \qquad (21^{\text{IIb}})$$

If one replaces E with its expression (23) it obtains for the electron speeds the relations (21^{III}) a, and b [2].

$$v_1^2 = \frac{e^4 \cdot Z^2}{4 \cdot \varepsilon_0^2 \cdot h^2 \cdot n^2} \qquad (21^{\text{IIIa}})$$

$$v_2^2 = \frac{c^2}{\dfrac{4 \cdot \varepsilon_0^2 \cdot c^2 \cdot h^2 \cdot n^2}{e^4 \cdot Z^2}+1} \qquad (21^{\text{IIIb}})$$

DETERMINING THE MASSES AND THE ENERGY OF THE ATOMIC ELECTRON IN MOVEMENT

The exact squared speeds can be written in the forms (25, 26) [2].

$$r_- = r_1 \Rightarrow v_1^2 = \frac{e^4 \cdot Z^2 \cdot c^2}{4 \cdot \varepsilon_0^2 \cdot c^2 \cdot h^2 \cdot n^2} \qquad (25)$$

$$r_+ = r_2 \Rightarrow v_2^2 = \frac{e^4 \cdot Z^2 \cdot c^2}{4 \cdot \varepsilon_0^2 \cdot c^2 \cdot h^2 \cdot n^2 + e^4 \cdot Z^2} \qquad (26)$$

With these velocities one can write the two adequate masses (27), (28) [2].

$$r_- = r_1 \Rightarrow m_1 = \frac{m_0}{\sqrt{1 - \frac{e^4 \cdot Z^2}{4 \cdot \varepsilon_0^2 \cdot c^2 \cdot h^2 \cdot n^2}}} \qquad (27)$$

$$r_+ = r_2 \Rightarrow m_2 = \frac{m_0}{\sqrt{1 - \frac{e^4 \cdot Z^2}{4 \cdot \varepsilon_0^2 \cdot c^2 \cdot h^2 \cdot n^2 + e^4 \cdot Z^2}}} \qquad (28)$$

The total electron energy can be written in the forms (29) and (30) [2].

$$r_- = r_1 \Rightarrow W_1 = \frac{m_0 \cdot c^2}{\sqrt{1 - \frac{e^4 \cdot Z^2}{4 \cdot \varepsilon_0^2 \cdot c^2 \cdot h^2 \cdot n^2}}} \quad (29)$$

$$r_+ = r_2 \Rightarrow W_2 = \frac{m_0 \cdot c^2}{\sqrt{1 - \frac{e^4 \cdot Z^2}{4 \cdot \varepsilon_0^2 \cdot c^2 \cdot h^2 \cdot n^2 + e^4 \cdot Z^2}}} \quad (30)$$

The possible frequency of pumping, between the two near energetically below levels can be written in the form (31) [2].

$$\nu = \frac{W_1 - W_2}{h} = \frac{m_0 \cdot c^2}{h} \cdot \left[\frac{1}{\sqrt{1 - \frac{e^4 \cdot Z^2}{4 \cdot \varepsilon_0^2 \cdot c^2 \cdot h^2 \cdot n^2}}} - \frac{1}{\sqrt{1 - \frac{e^4 \cdot Z^2}{4 \cdot \varepsilon_0^2 \cdot c^2 \cdot h^2 \cdot n^2 + e^4 \cdot Z^2}}} \right] \quad (31)$$

THE *POSSIBLE* LASER FREQUENCIES

In the table 1, one can see the possible LASER pumping frequencies (all in visible domain $4.34*10^{14} \div 6.97*10^{14}$ [Hz]), calculated for different principal quantum number n.

The possible L A S E R pumping frequencies — Table 1

n	Z	[zH]ν	Element	n	Z	[zH]ν	Element
2	15	=5.54942E14	P		78	=4.43344E+14	Pt
	22	=5.072E14	Ti		79	=4.66537E+14	Au
3	23	=6.0598E14	V		80	=4.90629E+14	Hg
	29	=4.8452E+14	Cu		81	=5.15642E+14	Tl
	30	=5.54942E+14	Zn		82	=5.41601E+14	Pb
4	31	=6.32782E+14	Ga		83	=5.68529E+14	Bi
	36	=4.71283E+14	Kr		84	=5.96449E+14	Po
	37	=5.25911E+14	Rb		85	=6.25386E+14	At
	38	=5.8516E+14	Sr		86	=6.55364E+14	Rn
5	39	=6.49284E+14	Y	11	87	=6.86408E+14	Fr
	43	=4.6261E+14	Tc		85	=4.41451E+14	At
	44	=5.072E+14	Ru		86	=4.6261E+14	Rn
	45	=5.54942E+14	Rh		87	=4.8452E+14	Fr
	46	=6.0598E+14	Pd		88	=5.072E+14	Ra
6	47	=6.60463E+14	Ag		89	=5.30668E+14	Ac
	50	=4.56488E+14	Sn		90	=5.54942E+14	Th
	51	=4.94145E+14	Sb		91	=5.8004E+14	Pa
	52	=5.34086E+14	Te		92	=6.0598E+14	U
	53	=5.76403E+14	I		93	=6.32782E+14	Np
	54	=6.21189E+14	Xe		94	=6.60463E+14	Pu
7	55	=6.68536E+14	Cs	12	95	=6.89044E+14	Am

	57=4.51937E+14	La		92=4.39854E+14	U	
	58=4.8452E+14	Ce		93=4.59306E+14	Np	
	59=5.18835E+14	Pr		94=4.79396E+14	Pu	
	60=5.54942E+14	Nd		95=5.00139E+14	Am	
	61=5.92904E+14	Pm		96=5.21548E+14	Cm	
	62=6.32782E+14	Sm		97=5.43638E+14	Bk	
8	63=6.7464E+14	Eu		98=5.66422E+14	Cf	
	64=4.48422E+14	Gd		99=5.89916E+14	Es	
	65=4.77132E+14	Tb		100=6.14134E+14	Fm	
	66=5.072E+14	Dy		101=6.39091E+14	Md	
	67=5.38669E+14	Ho		102=6.64801E+14	No	
	68=5.71581E14	Er	13	103=6.9128E+14	Lw	
	69=6.0598E+14	Tm		99=4.38489E+14	Es	
	70=6.4191E+14	Yb		100=4.56488E+14	Fm	
9	71=6.79416E+14	Lu		101=4.75037E+14	Md	
	71=4.45624E+14	Lu		102=4.94145E+14	No	
	72=4.71283E+14	Hf		103=5.13824E+14	Lr	
	73=4.98035E+14	Ta		104=5.34086E+14	Rf	
	74=5.25911E+14	W	14	105=5.54942E+14	Db	
	75=5.54942E+14	Re				
	76=5.8516E+14	Os				
	77=6.16596E+14	Ir				
	78=6.49284E+14	Pt				
10	79=6.83255E+14	Au				

THE LASER FREQUENCIES AND CONCLUSIONS

If the second speed value does not exist physically, we must calculate the new atomic model just for the new first value, with the next relations:

$$r = \frac{n^2 \cdot \varepsilon_0 \cdot h^2}{\pi \cdot m_0 \cdot e^2 \cdot Z} \cdot \sqrt{1 - \frac{e^4 \cdot Z^2}{4 \cdot c^2 \cdot \varepsilon_0^2 \cdot h^2 \cdot n^2}} \qquad (20')$$

$$v^2 = \frac{e^4 \cdot Z^2}{4 \cdot \varepsilon_0^2 \cdot h^2 \cdot n^2} \qquad (25')$$

$$m = \frac{m_0}{\sqrt{1 - \frac{e^4 \cdot Z^2}{4 \cdot \varepsilon_0^2 \cdot c^2 \cdot h^2 \cdot n^2}}} \qquad (27')$$

$$W = \frac{m_0 \cdot c^2}{\sqrt{1 - \frac{e^4 \cdot Z^2}{4 \cdot \varepsilon_0^2 \cdot c^2 \cdot h^2 \cdot n^2}}} \qquad (29')$$

$$\gamma = \frac{m_0 \cdot c^2}{h} \left(\frac{1}{\sqrt{1 - \frac{e^4 \cdot Z^2}{4 \cdot \varepsilon_0^2 \cdot c^2 \cdot h^2 \cdot n_1^2}}} - \frac{1}{\sqrt{1 - \frac{e^4 \cdot Z^2}{4 \cdot \varepsilon_0^2 \cdot c^2 \cdot h^2 \cdot n_2^2}}} \right) \qquad (31')$$

The pumping frequency required to achieve the transition of the electrons between two energetically levels can be written in the form (31').

In the table 2, one can see the LASER pumping frequencies.

All frequencies are outside visible area. One can make Ultraviolet Frequency-X ray LASER.

The bold value can be used to make a Rubin (Crystal) LASER.

The paper realizes a new atomic model and a new quantum theory (relation 20').

It determines as well the frequency of pumping for the transition between two energetically levels, with possible applications in LASER, MASER, IRASER industry (relation 31').

The pumping frequencies, between two nearer level								Table 2
Z	ν	El n_1-n_2	Z	ν	Element	Z	ν	Element
1		H	2		He	3	2.22122E+16	Li 1-2
4	3.95022E+16	Be 1-2	5	6.17499E+16	B 1-2	6	8.89688E+16	C 1-2
7	1.21175E+17	N 1-2	8	1.58388E+17	O 1-2	9	2.00631E+17	F 1-2
10	2.47929E+17	Ne 1-2	11	5.53738E+16	Na 2-3	12	6.59213E+16	Mg 2-3
13	7.73939E+16	Al 2-3	14	8.97936E+16	Si 2-3	15	1.03123E+17	P 2-3
16	1.17383E+17	S 2-3	17	1.32578E+17	Cl 2-3	18	1.48709E+17	Ar 2-3
19	5.7866E+16	K 3-4	20	6.41348E+16	Ca 3-4	21	7.07288E+16	Sc 3-4
22	7.76485E+16	Ti 3-4	23	8.48944E+16	V 3-4	24	**9,24672E+16**	Cr 3-4
25	1.00368E+17	Mn 3-4	26	1.08596E+17	Fe 3-4	27	1.17153E+17	Co 3-4
28	1.2604E+17	Ni 3-4	29	1.35258E+17	Cu 3-4	30	1.44806E+17	Zn 3-4
31	1.54686E+17	Ga 3-4	32	1.64899E+17	Ge 3-4	33	1.75446E+17	As 3-4
34	1.86327E+17	Se 3-4	35	1.97544E+17	Br 3-4	36	2.09097E+17	Kr 3-4
37	1.01887E+17	Rb 4-5	38	1.07502E+17	Sr 4-5	39	1.1327E+17	Y 4-5
40	1.19192E+17	Zr 4-5	41	1.25268E+17	Nb 4-5	42	1.31498E+17	Mo 4-5
43	1.37882E+17	Tc 4-5	44	1.44421E+17	Ru 4-5	45	1.51116E+17	Rh 4-5
46	1.57966E+17	Pd 4-5	47	1.64972E+17	Ag 4-5	48	1.72134E+17	Cd 4-5
49	1.79453E+17	In 4-5	50	1.86928E+17	Sn 4-5	51	1.94561E+17	Sb 4-5
52	2.02352E+17	Te 4-5	53	2.10301E+17	I 4-5	54	2.18408E+17	Xe 4-5
55	1.22612E+17	Cs 5-6	56	1.2715E+17	Ba 5-6	57	1.31772E+17	La 5-6
58	1.36479E+17	Ce 5-6	59	1.41271E+17	Pr 5-6	60	1.46147E+17	Nd 5-6
61	1.51109E+17	Pm 5-6	62	1.56157E+17	Sm 5-6	63	1.6129E+17	Eu 5-6
64	1.66508E+17	Gd 5-6	65	1.71813E+17	Tb 5-6	66	1.77203E+17	Dy 5-6
67	1.8268E+17	Ho 5-6	68	1.88243E+17	Er 5-6	69	1.93893E+17	Tm 5-6
70	1.9963E+17	Yb 5-6	71	2.05453E+17	Lu 5-6	72	2.11364E+17	Hf 5-6
73	2.17362E+17	Ta 5-6	74	2.23448E+17	W 5-6	75	2.29621E+17	Re 5-6
76	2.35883E+17	Os 5-6	77	2.42232E+17	Ir 5-6	78	2.4867E+17	Pt 5-6
79	2.55197E+17	Au 5-6	80	2.61813E+17	Hg 5-6	81	2.68517E+17	Tl 5-6
82	2.75311E+17	Pb 5-6	83	2.82195E+17	Bi 5-6	84	2.89168E+17	Po 5-6
85	2.96231E+17	At 5-6	86	3.03385E+17	Rn 5-6	87	1.8618E+17	Fr 6-7
88	1.90549E+17	Ra 6-7	89	1.94972E+17	Ac 6-7	90	1.99447E+17	Th 6-7
91	2.03976E+17	Pa 6-7	92	2.08557E+17	U 6-7	93	2.13193E+17	Np 6-7
94	2.17881E+17	Pu 6-7	95	2.22624E+17	Am 6-7	96	2.2742E+17	Cm 6-7
97	2.3227E+17	Bk 6-7	98	2.37174E+17	Cf 6-7	99	2.42131E+17	Es 6-7
100	2.47144E+17	Fm 6-7	101	2.5221E+17	Md 6-7	102	2.57331E+17	No 6-7
103	2.62506E+17	Lr 6-7	104	2.67736E+17	Rf 6-7	105	2.73021E+17	Db 6-7

BIBLIOGRAPHY

[1] David Halliday, Robert, R., - *Physics, Part II,* Edit. John Wiley & Sons, Inc. - New York, London, Sydney, 1966;

[2] Petrescu F.I., *The movement of an electron around the atomic nucleus,* in ICOME 2010, Craiova, 2010.

LA PRESENTATION D'UN MODELE ATOMIQUE ET DU CHAMP POSSIBLE DU LASER D'APPLICATIONS D'IN

INTRODUCTION

Ce chapitre offre bientôt un rapport nouvel et original (20 & 20') qui détermine le rayon cela, l'électron court autour du noyau de un atome [2].

Dans le numéro de l'image 1 on présente quelques électrons qui se déplacent autour du noyau de un atome [1].

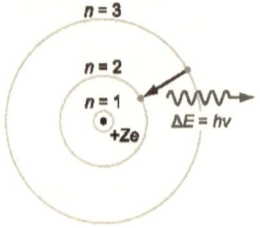

Fig. 1 Electron se déplaçe autour du noyau atomique; Le noyau atomique se compose des nucléons (les protons et les neutrons)

On utilise, deux fois le rapport de Lorenz (5), l'équation généralisée de Niels Bohr (7) et un rapport massif (4) lequel c'était déduit du rapport de l'énergie du cinématique écrit à deux modes: (1) classique et (2) coulombian.

En égalisant le rapport massif (4) avec Lorenz le rapport (5) numéro un obtient l'imprimé de (6) qui est un rapport entre vitesse de l'électron au carré (v^2) et le rayon (r).

Le appuyez le rapport (8) entre v^2 et r, il a été obtenu en égalisant la masse de l'équation de Bohr (7) et la masse du rapport de Lorenz (5).

Dans le système de (8) - (6) éliminant la vitesse de l'électron au carre (v^2), il détermine le rayon de r, avec cela l'électron se déplace autour du noyau atomique; voyez le rapport de (20).

Pour un Bohr nivelez énergiquement (la valeur constante de n=a), on détermine maintenant deux énergiquement au-dessous des niveaux, qui forment une couche électronique.

L'auteur réalise par ceci un nouveau modèle atomique ou une nouvelle théorie des quanta, qui explique l'existence des nuages de l'électron sans essorage [1-2].

En écrivant le rapport de l'énergie du cinématique à deux modes, (2) classique, et (1) coulombian numéro un détermine le rapport de (3).

Du rapport de (3), déterminant explicite le massif de l'électron il obtient l'imprimé de (4) [2].

$$E_C = \frac{1}{2} m \cdot v^2 \qquad (1)$$

$$E_C = \frac{1}{8} \frac{Z \cdot e^2}{\pi \cdot \varepsilon_0 \cdot r} \qquad (2)$$

$$m \cdot v^2 = \frac{1}{4} \frac{Z \cdot e^2}{\pi \cdot \varepsilon_0 \cdot r} \qquad (3)$$

$$m = \frac{Z \cdot e^2}{4 \cdot \pi \cdot \varepsilon_0 \cdot v^2 \cdot r} \qquad (4)$$

Maintenant, nous écrivons Lorenz (5), au rapport connu car la masse d'un corpuscule dans la fonction du corpuscule a correspondu à la vitesse.

Avec les relations de (4) et (5) on obtient la première expression essentielle (6).

$$m = \frac{m_0 \cdot c}{\sqrt{c^2 - v^2}} \qquad (5)$$

$$\frac{m_0 \cdot c}{\sqrt{c^2 - v^2}} = \frac{Z \cdot e^2}{4 \cdot \pi \cdot \varepsilon_0 \cdot v^2 \cdot r} \qquad (6)$$

On utilise maintenant, le rapport généralisé de Niels Bohr (7).

Il utilise pendant la seconde fois le rapport de Lorenz de (5) avec le rapport de Bohr de (7) et dans ce mode on obtient la seconde expression essentielle (8).

$$m = \frac{n^2 \cdot \varepsilon_0 \cdot h^2}{\pi \cdot r \cdot e^2 \cdot Z} \qquad (7)$$

$$\frac{m_0 \cdot c}{\sqrt{c^2 - v^2}} = \frac{n^2 \cdot \varepsilon_0 \cdot h^2}{\pi \cdot r \cdot e^2 \cdot Z} \qquad (8)$$

Maintenant, on garde juste les deux expressions essentielles (6 et 8.) Il écrit (8) dans l'imprimé (8').

$$\sqrt{c^2 - v^2} \cdot n^2 \cdot \varepsilon_0 \cdot h^2 = \pi \cdot r \cdot m_0 \cdot c \cdot e^2 \cdot Z \qquad (8')$$

Élever la relation (8 ') au carré, d'expliciter la vitesse au carré d'électrons, il obtient la forme (9).

$$v^2 = \frac{(n^4 \cdot \varepsilon_0^2 \cdot h^4 - \pi^2 \cdot r^2 \cdot m_0^2 \cdot e^4 \cdot Z^2) \cdot c^2}{n^4 \cdot \varepsilon_0^2 \cdot h^4} \qquad (9)$$

La formule (9) peut être mis en forme (10), où la constante k prend la forme (10 ').

$$v^2 = c^2 - k \cdot c^2 \cdot r^2 \qquad (10)$$

$$k = \frac{\pi^2 \cdot m_0^2 \cdot e^4 \cdot Z^2}{n^4 \cdot \varepsilon_0^2 \cdot h^4} \qquad (10')$$

Maintenant on écrit la relation essentielle (6) sous la forme (6 ').

$$4 \cdot m_0 \cdot c \cdot \pi \cdot \varepsilon_0 \cdot r \cdot v^2 = Z \cdot e^2 \cdot \sqrt{c^2 - v^2} \qquad (6')$$

Puis, mettant la relation (6') au carré, on obtient la formule (6").

$$16 \cdot m_0^2 \cdot c^2 \cdot \pi^2 \cdot \varepsilon_0^2 \cdot r^2 \cdot v^4 = Z^2 \cdot e^4 \cdot (c^2 - v^2) \quad (6'')$$

En relation (6") on introduit la vélocité de l'électron carré, pris de l'expression (10) et on obtienne la formule (11).

$$16 \cdot m_0^2 \cdot \pi^2 \cdot \varepsilon_0^2 \cdot (c^2 - k \cdot c^2 \cdot r^2)^2 = Z^2 \cdot e^4 \cdot k \quad (11)$$

La relation (11) peut être organisée sous la forme (12).

$$(c^2 - k \cdot c^2 \cdot r^2)^2 = \frac{Z^2 \cdot e^4 \cdot k}{16 \cdot m_0^2 \cdot \pi^2 \cdot \varepsilon_0^2} \quad (12)$$

On extrait radical de l'ordre 2 de la relation (12) and nous obtenons l'expression (13).

$$(c^2 - k \cdot c^2 \cdot r^2) = \pm \frac{Z \cdot e^2 \cdot \sqrt{k}}{4 \cdot m_0 \cdot \pi \cdot \varepsilon_0} \quad (13)$$

La relation (13) peut être organisée sous la forme (14).

$$k \cdot c^2 \cdot r^2 = c^2 \mp \frac{Z \cdot e^2 \cdot \sqrt{k}}{4 \cdot m_0 \cdot \pi \cdot \varepsilon_0} \qquad (14)$$

De relation (14), on explicite le rayon de l'orbite d'électron, au carré, et on obtient l'expression (15).

$$r^2 = \frac{1}{k} \mp \frac{Z \cdot e^2}{4 \cdot m_0 \cdot \pi \cdot \varepsilon_0 \cdot \sqrt{k} \cdot c^2} \qquad (15)$$

On a maintenant remplace la constante k (avec l'expression de relation 10') dans l'expression 15, qui prend la forme (16).

$$r^2 = \frac{n^4 \cdot \varepsilon_0^2 \cdot h^4}{\pi^2 \cdot m_0^2 \cdot e^4 \cdot Z^2} \mp \frac{n^2 \cdot h^2}{4 \cdot \pi^2 \cdot m_0^2 \cdot c^2} \qquad (16)$$

La relation (16) peut être organisée sous la forme (17).

$$r^2 = \frac{n^4 \cdot \varepsilon_0^2 \cdot h^4}{\pi^2 \cdot m_0^2 \cdot e^4 \cdot Z^2} \cdot (1 \mp \frac{e^4 \cdot Z^2}{4 \cdot c^2 \cdot \varepsilon_0^2 \cdot h^2 \cdot n^2}) \qquad (17)$$

On extrait radical de l'ordre 2 de la relation (17) and nous obtenons l'expression (18) pour le rayon de l'orbite d'électron.

$$r = \pm \frac{n^2 \cdot \varepsilon_0 \cdot h^2}{\pi \cdot m_0 \cdot e^2 \cdot Z} \cdot \sqrt{1 \mp \frac{e^4 \cdot Z^2}{4 \cdot c^2 \cdot \varepsilon_0^2 \cdot h^2 \cdot n^2}} \qquad (18)$$

Physiquement il peut être seule la solution positive (19).

$$r = + \frac{n^2 \cdot \varepsilon_0 \cdot h^2}{\pi \cdot m_0 \cdot e^2 \cdot Z} \cdot \sqrt{1 \mp \frac{e^4 \cdot Z^2}{4 \cdot c^2 \cdot \varepsilon_0^2 \cdot h^2 \cdot n^2}} \qquad (19)$$

La relation (19) peut être organisée sous la forme finale (20) [3].

$$r = \frac{n^2 \cdot \varepsilon_0 \cdot h^2}{\pi \cdot m_0 \cdot e^2 \cdot Z} \cdot \sqrt{1 \mp \frac{e^4 \cdot Z^2}{4 \cdot c^2 \cdot \varepsilon_0^2 \cdot h^2 \cdot n^2}} \qquad (20)$$

L'expression (20) cela n'est pas juste une nouvelle théorie pour calculer le rayon avec cela que l'électron court autour du noyau d'un atome, il est aussi une vraiment nouvelle théorie d'un modèle atomique, ou une nouvelle théorie des quanta.

Pour une valeur du numéro du quantum n (pour un numéro atomique constant Z), nous n'avons pas juste un énergiquement niveau (aimons le modèle de Bohr.)

Maintenant nous pouvons trouver deux sous-niveaux énergique, qui forment un électronique NUAGE.

Par exemple, pour n=1, nous avons deux sous-niveaux [1-2].

USED NOTATIONS

La permittivité constante:
$$\varepsilon_0 = 8.85418 \cdot 10^{-12} [\frac{C^2}{N \cdot m^2}];$$

Le constant Planck:
$$h = 6.626 \cdot 10^{-34} [J \cdot s];$$

Masse au repos d'un électron:
$$m_0 = 9.1091 \cdot 10^{-31} [kg];$$

Le Pythagore constante:
$$\pi = 3.141592654;$$

Charge électrique élémentaire:
$$e = -1.6021 \cdot 10^{-19} [C];$$

Vitesse de la lumière dans le vide:
$$c = 2.997925 \cdot 10^8 [\frac{m}{s}];$$

n=Nombre quantique principal (Bohr quantique nombre);

Z=Certain nombre de protons du noyau atomique (numéro atomique) [2].

Détermination des deux valeurs différentes de la vitesse de l'électron atomique.

La relation (6″) doit être mis en forme (6‴) [2].

$$16 \cdot m_0^2 \cdot c^2 \cdot \pi^2 \cdot \varepsilon_0^2 \cdot r^2 \cdot v^4 + Z^2 \cdot e^4 \cdot v^2 - Z^2 \cdot e^4 \cdot c^2 = 0 \qquad (6''')$$

L'expression (6‴) est une équation du second degré en v^2. Les racines de l'équation (6‴) est calculé avec les relations (6^{IVa}).

$$v_{1,2}^2 = \frac{-Z^2 \cdot e^4 \pm \sqrt{Z^4 \cdot e^8 + 8^2 \cdot m_0^2 \cdot \pi^2 \cdot \varepsilon_0^2 \cdot c^4 \cdot Z^2 \cdot e^4 \cdot r^2}}{2 \cdot 16 \cdot m_0^2 \cdot c^2 \cdot \pi^2 \cdot \varepsilon_0^2 \cdot r^2} \qquad (6^{IVa})$$

Physiquement il y a juste la solution avec le signe plus, et on le garde pour l'expression (6^{IV}) (seulement le signe plus) [2].

$$v^2 = \frac{-Z^2 \cdot e^4 + \sqrt{Z^4 \cdot e^8 + 8^2 \cdot m_0^2 \cdot \pi^2 \cdot \varepsilon_0^2 \cdot c^4 \cdot Z^2 \cdot e^4 \cdot r^2}}{2 \cdot 16 \cdot m_0^2 \cdot c^2 \cdot \pi^2 \cdot \varepsilon_0^2 \cdot r^2}$$

(6^{IV})

Il les pensées que l'expression (6^{IV}) donne à seulement une solution pour la vitesse d'électron au carré (v^2), mais vraiment on est deux solutions pour ce paramètre, v^2, parce que la valeur du rayon au carré (r^2) donne physiquement deux solutions. On mise l'expression (6^{IV}) dans la forme (6^V) [2].

$$v_{1,2}^2 = \frac{-1 + \sqrt{1 + \dfrac{8^2 \cdot m_0^2 \cdot \pi^2 \cdot \varepsilon_0^2 \cdot c^2}{Z^2 \cdot e^4} \cdot c^2 \cdot r^2}}{\dfrac{1}{2} \cdot \dfrac{8^2 \cdot m_0^2 \cdot c^2 \cdot \pi^2 \cdot \varepsilon_0^2}{Z^2 \cdot e^4} \cdot r^2}$$

(6^V)

On peut écrire la formule (6^V) dans la forme (6^{VI}), où le constante k prendre la forme (6^{VII}) [2].

$$v_{1,2}^2 = \frac{\sqrt{1 + k_1 \cdot c^2 \cdot r^2} - 1}{\dfrac{k_1}{2} \cdot r^2}$$

(6^{VI})

$$k_1 = \frac{8^2 \cdot m_0^2 \cdot \pi^2 \cdot \varepsilon_0^2 \cdot c^2}{Z^2 \cdot e^4}$$

(6^{VII})

On peut écrire la formule (6^{VI}) dans la forme (21).

$$v^2 = \frac{2 \cdot c^2}{\sqrt{1+k_1 \cdot c^2 \cdot r^2}+1} \qquad (21)$$

On noter le radical avec R (voyez l'expression 22).

$$R = \sqrt{1+k_1 \cdot c^2 \cdot r^2} \qquad (22)$$

Dans l'expression (22) on introduit pour r^2 l'expression (20) et il obtienne la forme (22').

$$R = \sqrt{1+\frac{k_1 \cdot c^2}{k} \cdot (1 \mp \frac{2 \cdot \sqrt{k}}{c \cdot \sqrt{k_1}})} \qquad (22')$$

Dans l'expression (22') on échange le deux constants k_1 et k avec les deux valeurs des expressions (6^{VII}) respectif (10') et on obtienne pour l'expression (22') la forme (22'') [2].

$$R = \sqrt{1+\frac{8^2 m_0^2 \cdot \pi^2 \cdot \varepsilon_0^2 \cdot c^4 \cdot n^4 \cdot \varepsilon_0^2 \cdot h^4}{Z^2 \cdot e^4 \cdot \pi^2 \cdot m_0^2 \cdot e^4 \cdot Z^2} \cdot (1 \mp \frac{2\pi \cdot m_0 \cdot e^4 \cdot Z^2}{8n^2 \cdot \varepsilon_0^2 \cdot h^2 \cdot c^2})} \qquad (22'')$$

On peut écrire la formule (22'') dans la forme (22''').

$$R = \sqrt{1 + \frac{8^2 \cdot \varepsilon_0^4 \cdot c^4 \cdot h^4 \cdot n^4}{e^8 \cdot Z^4} (1 \mp \frac{e^4 \cdot Z^2}{4\varepsilon_0^2 \cdot c^2 \cdot h^2 \cdot n^2})} \quad (22''')$$

L'expression (22''') sera écrit dans la forme (22^{IV}).

$$R = \sqrt{1 + \frac{8^2 \cdot \varepsilon_0^4 \cdot c^4 \cdot h^4 \cdot n^4}{e^8 \cdot Z^4} \mp \frac{2 \cdot 8 \cdot \varepsilon_0^2 \cdot c^2 \cdot h^2 \cdot n^2}{e^4 \cdot Z^2}} \quad (22^{IV})$$

L'expression (22^{IV}) peut être limitée à les formes (22^{V}) et (22^{VI}).

$$R = \sqrt{\left(1 \mp \frac{8 \cdot \varepsilon_0^2 \cdot c^2 \cdot h^2 \cdot n^2}{e^4 \cdot Z^2}\right)^2} \quad (22^{V})$$

$$R = \left| 1 \mp \frac{8 \cdot \varepsilon_0^2 \cdot c^2 \cdot h^2 \cdot n^2}{e^4 \cdot Z^2} \right| \quad (22^{VI})$$

On note avec E l'expression (23).

$$E = \frac{8 \cdot \varepsilon_0^2 \cdot c^2 \cdot h^2}{e^4} \cdot \frac{n^2}{Z^2} \quad (23)$$

Cette expression doit être évaluée.

$$E = \frac{8 \cdot 8.85418^2 \cdot 10^{-24} \cdot 2.997925^2 \cdot 10^{16}}{1.6021^4 \cdot 10^{-76}} \cdot$$
$$\cdot \frac{6.626^2 \cdot 10^{-68} \cdot n^2}{Z^2} = \frac{37564.06551 \cdot n^2}{Z^2} \qquad (23')$$

Pour $Z_{max}=92$ nous avons une expression minimale E_{min}.

$$E_{min} = 4.438098477 \cdot n^2 \qquad (23'')$$

Voir immédiatement que, $E_{min} > 1$.

$$E_{min} \succ 1 \qquad (24)$$

L'expression (22^{VI}) sera écrite dans les formes (22^{VII}) a and b:

$$R_1 = E - 1 \qquad (22^{VIIa})$$

$$R_2 = E + 1 \qquad (22^{VIIb})$$

Seulement maintenant l'expression de (21) peut être estimée et réduite à deux formes (21^{Ia}) et respective (21^{Ib}):

$$v_1^2 = \frac{2 \cdot c^2}{E-1+1} \qquad (21^{Ia})$$

$$v_2^2 = \frac{2 \cdot c^2}{E+1+1} \qquad (21^{Ib})$$

Les deux relations prennent les formes (21^{II}) a, et b:

$$v_1^2 = \frac{c^2}{\dfrac{E}{2}} \qquad (21^{IIa})$$

$$v_2^2 = \frac{c^2}{\dfrac{E}{2}+1} \qquad (21^{IIb})$$

Si on replace E par son expression (23) on obtient pour les vitesses de l'électron les relations (21^{III}) a, et b [2].

$$v_1^2 = \frac{e^4 \cdot Z^2}{4 \cdot \varepsilon_0^2 \cdot h^2 \cdot n^2} \qquad (21^{\text{IIIa}})$$

$$v_2^2 = \frac{c^2}{\dfrac{4 \cdot \varepsilon_0^2 \cdot c^2 \cdot h^2 \cdot^2}{e^4 \cdot Z^2} + 1} \qquad (21^{\text{IIIb}})$$

DÉTERMINATION DE LA MASSE ET D'ÉNERGIE POUR UN ÉLECTRON QUI TOURNE AUTOUR DU NOYAU ATOMIQUE

Carrés vitesses peuvent être écrites dans les formes: (25, 26) [2].

$$r_- = r_1 \Rightarrow v_1^2 = \frac{e^4 \cdot Z^2 \cdot c^2}{4 \cdot \varepsilon_0^2 \cdot c^2 \cdot h^2 \cdot n^2} \qquad (25)$$

$$r_+ = r_2 \Rightarrow v_2^2 = \frac{e^4 \cdot Z^2 \cdot c^2}{4 \cdot \varepsilon_0^2 \cdot c^2 \cdot h^2 \cdot n^2 + e^4 \cdot Z^2} \qquad (26)$$

Correspondant à ces vitesses nous déterminons la masse de l'électron (27), (28) [2].

$$r_- = r_1 \Rightarrow m_1 = \frac{m_0}{\sqrt{1 - \dfrac{e^4 \cdot Z^2}{4 \cdot \varepsilon_0^2 \cdot c^2 \cdot h^2 \cdot n^2}}} \qquad (27)$$

$$r_+ = r_2 \Rightarrow m_2 = \frac{m_0}{\sqrt{1 - \dfrac{e^4 \cdot Z^2}{4 \cdot \varepsilon_0^2 \cdot c^2 \cdot h^2 \cdot n^2 + e^4 \cdot Z^2}}} \qquad (28)$$

L'énergie totale de l'électron peut être écrite dans les expressions (29) et (30) [2].

$$r_- = r_1 \Rightarrow W_1 = \frac{m_0 \cdot c^2}{\sqrt{1 - \dfrac{e^4 \cdot Z^2}{4 \cdot \varepsilon_0^2 \cdot c^2 \cdot h^2 \cdot n^2}}} \qquad (29)$$

$$r_+ = r_2 \Rightarrow W_2 = \frac{m_0 \cdot c^2}{\sqrt{1 - \dfrac{e^4 \cdot Z^2}{4 \cdot \varepsilon_0^2 \cdot c^2 \cdot h^2 \cdot n^2 + e^4 \cdot Z^2}}} \qquad (30)$$

On peut écrire la fréquence de pompage entre le deux sous-niveaux d'énergie dans la forme (31) [2].

$$v = \frac{W_1 - W_2}{h} = \frac{m_0 \cdot c^2}{h} \cdot$$

$$\cdot \left[\frac{1}{\sqrt{1 - \frac{e^4 \cdot Z^2}{4 \cdot \varepsilon_0^2 \cdot c^2 \cdot h^2 \cdot n^2}}} - \right. \quad (31)$$

$$\left. - \frac{1}{\sqrt{1 - \frac{e^4 \cdot Z^2}{4 \cdot \varepsilon_0^2 \cdot c^2 \cdot h^2 \cdot n^2 + e^4 \cdot Z^2}}} \right]$$

LES FREQUENCES *POSSIBLES* du LASER

Dans la table 1, on peut voir le LASER possible pomper des fréquences (tous situés dans le visible domaine $4.34*10^{14} \div 6.97*10^{14}$ [Hz]), calculé pour nombre quantique principal n.

The possible L A S E R pumping frequencies   Table 1

n	Z	[zH]ν	Element	n	Z	[zH]ν	Element
2	15=5.54942E14	P			78=4.43344E+14	Pt	
	22=5.072E14	Ti			79=4.66537E+14	Au	
3	23=6.0598E14	V			80=4.90629E+14	Hg	
	29=4.8452E+14	Cu			81=5.15642E+14	Tl	
	30=5.54942E+14	Zn			82=5.41601E+14	Pb	
4	31=6.32782E+14	Ga			83=5.68529E+14	Bi	
	36=4.71283E+14	Kr			84=5.96449E+14	Po	
	37=5.25911E+14	Rb			85=6.25386E+14	At	
	38=5.8516E+14	Sr			86=6.55364E+14	Rn	
5	39=6.49284E+14	Y	11	87=6.86408E+14	Fr	
	43=4.6261E+14	Tc			85=4.41451E+14	At	
	44=5.072E+14	Ru			86=4.6261E+14	Rn	
	45=5.54942E+14	Rh			87=4.8452E+14	Fr	
	46=6.0598E+14	Pd			88=5.072E+14	Ra	
6	47=6.60463E+14	Ag			89=5.30668E+14	Ac	
	50=4.56488E+14	Sn			90=5.54942E+14	Th	
	51=4.94145E+14	Sb			91=5.8004E+14	Pa	
	52=5.34086E+14	Te			92=6.0598E+14	U	
	53=5.76403E+14	I			93=6.32782E+14	Np	
	54=6.21189E+14	Xe			94=6.60463E+14	Pu	
7	55=6.68536E+14	Cs	12	95=6.89044E+14	Am	

45

	57=4.51937E+14	La		92=4.39854E+14	U
	58=4.8452E+14	Ce		93=4.59306E+14	Np
	59=5.18835E+14	Pr		94=4.79396E+14	Pu
	60=5.54942E+14	Nd		95=5.00139E+14	Am
	61=5.92904E+14	Pm		96=5.21548E+14	Cm
	62=6.32782E+14	Sm		97=5.43638E+14	Bk
8	63=6.7464E+14	Eu		98=5.66422E+14	Cf
	64=4.48422E+14	Gd		99=5.89916E+14	Es
	65=4.77132E+14	Tb		100=6.14134E+14	Fm
	66=5.072E+14	Dy		101=6.39091E+14	Md
	67=5.38669E+14	Ho		102=6.64801E+14	No
	68=5.71581E14	Er	13	103=6.9128E+14	Lw
	69=6.0598E+14	Tm		99=4.38489E+14	Es
	70=6.4191E+14	Yb		100=4.56488E+14	Fm
9	71=6.79416E+14	Lu		101=4.75037E+14	Md
	71=4.45624E+14	Lu		102=4.94145E+14	No
	72=4.71283E+14	Hf		103=5.13824E+14	Lr
	73=4.98035E+14	Ta		104=5.34086E+14	Rf
	74=5.25911E+14	W	14	105=5.54942E+14	Db
	75=5.54942E+14	Re			
	76=5.8516E+14	Os			
	77=6.16596E+14	Ir			
	78=6.49284E+14	Pt			
10	79=6.83255E+14	Au			

FREQUENCES de LE LASER ET CONCLUSIONS

Si la seconde valeur de la vitesse n'existe pas physiquement, nous devons calculer le nouveau modèle atomique à peine pour la nouvelle première valeur, avec les relations suivantes:

$$r = \frac{n^2 \cdot \varepsilon_0 \cdot h^2}{\pi \cdot m_0 \cdot e^2 \cdot Z} \cdot \sqrt{1 - \frac{e^4 \cdot Z^2}{4 \cdot c^2 \cdot \varepsilon_0^2 \cdot h^2 \cdot n^2}} \quad (20')$$

$$v^2 = \frac{e^4 \cdot Z^2}{4 \cdot \varepsilon_0^2 \cdot h^2 \cdot n^2} \quad (25')$$

$$m = \frac{m_0}{\sqrt{1 - \frac{e^4 \cdot Z^2}{4 \cdot \varepsilon_0^2 \cdot c^2 \cdot h^2 \cdot n^2}}} \quad (27')$$

$$W = \frac{m_0 \cdot c^2}{\sqrt{1 - \frac{e^4 \cdot Z^2}{4 \cdot \varepsilon_0^2 \cdot c^2 \cdot h^2 \cdot n^2}}} \quad (29')$$

$$\gamma = \frac{m_0 \cdot c^2}{h} \left(\frac{1}{\sqrt{1 - \frac{e^4 \cdot Z^2}{4 \cdot \varepsilon_0^2 \cdot c^2 \cdot h^2 \cdot n_1^2}}} - \frac{1}{\sqrt{1 - \frac{e^4 \cdot Z^2}{4 \cdot \varepsilon_0^2 \cdot c^2 \cdot h^2 \cdot n_2^2}}} \right)$$
$$(31')$$

Le en pompant la fréquence requis pour réaliser la transition des électrons entre deux énergiquement sous-niveaux on peut écrire à l'expression (31').

Dans la table 2, on peut voir le LASER pomper des fréquences.

Toutes les fréquences sont hors de la zone visible. On peut faire le rayon Ultraviolet de Fréquence de X de LASER.

Valeur noirci peut être utilisé pour construire un laser à rubis.

Le papier réalise un nouveau modèle atomique et une nouvelle théorie des quanta (expression 20').

Il décide aussi le La fréquence de pompage pour la transition entre deux niveaux d'énergie, avec les applications possibles dans l'industrie de LASER, MASER, IRASER (expression 31').

The pumping frequencies, between two nearer level							Table 2
Z	ν	El n₁-n₂	Z	ν	Element	Z	ν	Element
1		H	2		He	3	2.22122E+16	Li 1-2
4	3.95022E+16	Be 1-2	5	6.17499E+16	B 1-2	6	8.89688E+16	C 1-2
7	1.21175E+17	N 1-2	8	1.58388E+17	O 1-2	9	2.00631E+17	F 1-2
10	2.47929E+17	Ne 1-2	11	5.53738E+16	Na 2-3	12	6.59213E+16	Mg 2-3
13	7.73939E+16	Al 2-3	14	8.97936E+16	Si 2-3	15	1.03123E+17	P 2-3
16	1.17383E+17	S 2-3	17	1.32578E+17	Cl 2-3	18	1.48709E+17	Ar 2-3
19	5.7866E+16	K 3-4	20	6.41348E+16	Ca 3-4	21	7.07288E+16	Sc 3-4
22	7.76485E+16	Ti 3-4	23	8.48944E+16	V 3-4	24	**9,24672E+16**	Cr 3-4
25	1.00368E+17	Mn 3-4	26	1.08596E+17	Fe 3-4	27	1.17153E+17	Co 3-4
28	1.2604E+17	Ni 3-4	29	1.35258E+17	Cu 3-4	30	1.44806E+17	Zn 3-4
31	1.54686E+17	Ga 3-4	32	1.64899E+17	Ge 3-4	33	1.75446E+17	As 3-4
34	1.86327E+17	Se 3-4	35	1.97544E+17	Br 3-4	36	2.09097E+17	Kr 3-4
37	1.01887E+17	Rb 4-5	38	1.07502E+17	Sr 4-5	39	1.1327E+17	Y 4-5
40	1.19192E+17	Zr 4-5	41	1.25268E+17	Nb 4-5	42	1.31498E+17	Mo 4-5
43	1.37882E+17	Tc 4-5	44	1.44421E+17	Ru 4-5	45	1.51116E+17	Rh 4-5
46	1.57966E+17	Pd 4-5	47	1.64972E+17	Ag 4-5	48	1.72134E+17	Cd 4-5
49	1.79453E+17	In 4-5	50	1.86928E+17	Sn 4-5	51	1.94561E+17	Sb 4-5
52	2.02352E+17	Te 4-5	53	2.10301E+17	I 4-5	54	2.18408E+17	Xe 4-5
55	1.22612E+17	Cs 5-6	56	1.2715E+17	Ba 5-6	57	1.31772E+17	La 5-6
58	1.36479E+17	Ce 5-6	59	1.41271E+17	Pr 5-6	60	1.46147E+17	Nd 5-6
61	1.51109E+17	Pm 5-6	62	1.56157E+17	Sm 5-6	63	1.6129E+17	Eu 5-6
64	1.66508E+17	Gd 5-6	65	1.71813E+17	Tb 5-6	66	1.77203E+17	Dy 5-6
67	1.8268E+17	Ho 5-6	68	1.88243E+17	Er 5-6	69	1.93893E+17	Tm 5-6
70	1.9963E+17	Yb 5-6	71	2.05453E+17	Lu 5-6	72	2.11364E+17	Hf 5-6
73	2.17362E+17	Ta 5-6	74	2.23448E+17	W 5-6	75	2.29621E+17	Re 5-6
76	2.35883E+17	Os 5-6	77	2.42232E+17	Ir 5-6	78	2.4867E+17	Pt 5-6
79	2.55197E+17	Au 5-6	80	2.61813E+17	Hg 5-6	81	2.68517E+17	Tl 5-6
82	2.75311E+17	Pb 5-6	83	2.82195E+17	Bi 5-6	84	2.89168E+17	Po 5-6
85	2.96231E+17	At 5-6	86	3.03385E+17	Rn 5-6	87	1.8618E+17	Fr 6-7
88	1.90549E+17	Ra 6-7	89	1.94972E+17	Ac 6-7	90	1.99447E+17	Th 6-7
91	2.03976E+17	Pa 6-7	92	2.08557E+17	U 6-7	93	2.13193E+17	Np 6-7
94	2.17881E+17	Pu 6-7	95	2.22624E+17	Am 6-7	96	2.2742E+17	Cm 6-7
97	2.3227E+17	Bk 6-7	98	2.37174E+17	Cf 6-7	99	2.42131E+17	Es 6-7
100	2.47144E+17	Fm 6-7	101	2.5221E+17	Md 6-7	102	2.57331E+17	No 6-7
103	2.62506E+17	Lr 6-7	104	2.67736E+17	Rf 6-7	105	2.73021E+17	Db 6-7

BIBLIOGRAPHIE

[1] David Halliday, Robert, R., - *Physics, Part II*, Edit. John Wiley & Sons, Inc. - New York, London, Sydney, 1966;

[2] Petrescu F.I., *The movement of an electron around the atomic nucleus*, in ICOME 2010, Craiova, 2010.

PRESENTANDO DI UN MODELLO ATOMICO E ALCUNE POSSIBILI APPLICAZIONI IN CAMPO LASER

INTRODUZIONE

Questo capitolo regala fra breve, un relazione nuovo e originale (20 & 20) 'che determina il raggio a quello, 'l'elettrone sta funzionando intorno al nucleo di un atomo [2.]
Nell'immagine numero 1 uno presenta alcuni elettroni che stanno spostandosi intorno al nucleo di un atomo [1.]

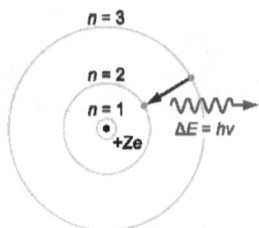

Fig. 1 *Elettroni spostandosi intorno al nucleo atomico;*
Il nucleo atomico consiste in nucleons (protoni e neutroni)

Uno utilizza due volte la relazione Lorenz (5), il Niels Bohr ha generalizzato equazione (7), e una relazione di massa (4) quale era ha dedotto dalla cinematica relazione di energia scritta in due modi: Classico (1) e coulombian (2). Uguagliando la relazione di massa (4) con Lorenz relazione (5) uno ottiene la forma (6) che è una relazione tra la velocità di elettrone squadrata una (v^2) e il raggio (r).

Lo appoggiate relazione (8), tra v^2 e r, è stato ottenuto uguagliando la massa di equazione Bohr (7) e la massa di relazione Lorenz (5).

Nel sistema (8) - (6) eliminando la velocità di elettrone squadrata nella (v^2,) determina il raggio r, con quello l'elettrone sta spostandosi intorno al nucleo atomico; vedete la relazione (20).

Per un Bohr livellate energicamente (valore costante n=a), uno determina ora due energicamente sotto livelli, che formano uno strato elettronico.

L'autore realizza per questo un nuovo modello atomico, o una nuova teoria dei quanti, che spiega l'esistenza di nubi di elettrone senza rotazione [1-2].

Scrivendo la relazione di energia di cinematica in due modi, classico (1) e coulombian (2) uno determina la relazione (3).

Dalla relazione (3), determinando esplicito lo ammassate dell'elettrone, ottiene la forma (4) [2].

$$E_C = \frac{1}{2} m \cdot v^2 \qquad (1)$$

$$E_C = \frac{1}{8} \frac{Z \cdot e^2}{\pi \cdot \varepsilon_0 \cdot r} \qquad (2)$$

$$m \cdot v^2 = \frac{1}{4} \frac{Z \cdot e^2}{\pi \cdot \varepsilon_0 \cdot r} \qquad (3)$$

$$m = \frac{Z \cdot e^2}{4 \cdot \pi \cdot \varepsilon_0 \cdot v^2 \cdot r} \qquad (4)$$

Ora, scriviamo alla relazione nota Lorenz (5), per la massa di un globulo in funzione della velocità globulo squadrata.

Con i rapporti (4) e (5) uno ottiene l'espressione prima essenziale (6).

$$m = \frac{m_0 \cdot c}{\sqrt{c^2 - v^2}} \qquad (5)$$

$$\frac{m_0 \cdot c}{\sqrt{c^2 - v^2}} = \frac{Z \cdot e^2}{4 \cdot \pi \cdot \varepsilon_0 \cdot v^2 \cdot r} \qquad (6)$$

Uno utilizza ora, la relazione generalizzata Niels Bohr (7).

Utilizza per il secondo tempo la relazione Lorenz (5) con la relazione Bohr (7) e in questo modo uno ottiene la seconda espressione essenziale (8).

$$m = \frac{n^2 \cdot \varepsilon_0 \cdot h^2}{\pi \cdot r \cdot e^2 \cdot Z} \qquad (7)$$

$$\frac{m_0 \cdot c}{\sqrt{c^2 - v^2}} = \frac{n^2 \cdot \varepsilon_0 \cdot h^2}{\pi \cdot r \cdot e^2 \cdot Z} \qquad (8)$$

Ora, uno tiene solo i due espressione essenziali (6 e 8.) Scrive (8) nella forma (8').

$$\sqrt{c^2 - v^2} \cdot n^2 \cdot \varepsilon_0 \cdot h^2 = \pi \cdot r \cdot m_0 \cdot c \cdot e^2 \cdot Z \qquad (8')$$

Elevando il rapporto (8') al quadrato, A esplicito la velocità di elettrone squadrata Ottiene la forma (9).

$$v^2 = \frac{(n^4 \cdot \varepsilon_0^2 \cdot h^4 - \pi^2 \cdot r^2 \cdot m_0^2 \cdot e^4 \cdot Z^2) \cdot c^2}{n^4 \cdot \varepsilon_0^2 \cdot h^4} \qquad (9)$$

La formula (9) può essere messa nella forma (10), dove la costante k prende la forma (10').

$$v^2 = c^2 - k \cdot c^2 \cdot r^2 \qquad (10)$$

$$k = \frac{\pi^2 \cdot m_0^2 \cdot e^4 \cdot Z^2}{n^4 \cdot \varepsilon_0^2 \cdot h^4} \qquad (10')$$

Ora uno scrive alla relazione essenziale (6) nella forma (6').

$$4 \cdot m_0 \cdot c \cdot \pi \cdot \varepsilon_0 \cdot r \cdot v^2 = Z \cdot e^2 \cdot \sqrt{c^2 - v^2} \qquad (6')$$

Quindi, mettendo la relazione (6') al quadrato, ottiene la formula (6").

$$16 \cdot m_0^2 \cdot c^2 \cdot \pi^2 \cdot \varepsilon_0^2 \cdot r^2 \cdot v^4 = Z^2 \cdot e^4 \cdot (c^2 - v^2) \qquad (6")$$

Nella relazione (6") uno introduce la velocità squadrata dell'elettrone, preso dall'espressione (10) e uno ottiene la formula (11).

$$16 \cdot m_0^2 \cdot \pi^2 \cdot \varepsilon_0^2 \cdot (c^2 - k \cdot c^2 \cdot r^2)^2 = Z^2 \cdot e^4 \cdot k \qquad (11)$$

Il (11) Il rapporto può essere organizzato Nella forma (12).

$$(c^2 - k \cdot c^2 \cdot r^2)^2 = \frac{Z^2 \cdot e^4 \cdot k}{16 \cdot m_0^2 \cdot \pi^2 \cdot \varepsilon_0^2} \qquad (12)$$

Uno squadra la relazione (12) e ottiene l'espressione (13).

$$(c^2 - k \cdot c^2 \cdot r^2) = \pm \frac{Z \cdot e^2 \cdot \sqrt{k}}{4 \cdot m_0 \cdot \pi \cdot \varepsilon_0} \qquad (13)$$

La relazione che (13) può essere ha organizzato alla forma (14).

$$k \cdot c^2 \cdot r^2 = c^2 \mp \frac{Z \cdot e^2 \cdot \sqrt{k}}{4 \cdot m_0 \cdot \pi \cdot \varepsilon_0} \qquad (14)$$

Da relazione (14) esso esplicito il raggio di elettrone e uno squadrati ottengono la relazione (15).

$$r^2 = \frac{1}{k} \mp \frac{Z \cdot e^2}{4 \cdot m_0 \cdot \pi \cdot \varepsilon_0 \cdot \sqrt{k} \cdot c^2} \qquad (15)$$

Ora, un cambio nella relazione (15), la costante k con la sua espressione (10') e l'esso ottiene la relazione (16).

$$r^2 = \frac{n^4 \cdot \varepsilon_0^2 \cdot h^4}{\pi^2 \cdot m_0^2 \cdot e^4 \cdot Z^2} \mp \frac{n^2 \cdot h^2}{4 \cdot \pi^2 \cdot m_0^2 \cdot c^2} \qquad (16)$$

L'espressione (16) può essere messa nella forma (17).

$$r^2 = \frac{n^4 \cdot \varepsilon_0^2 \cdot h^4}{\pi^2 \cdot m_0^2 \cdot e^4 \cdot Z^2} \cdot (1 \mp \frac{e^4 \cdot Z^2}{4 \cdot c^2 \cdot \varepsilon_0^2 \cdot h^2 \cdot n^2}) \qquad (17)$$

Estraendo la radice quadrata di L'espressione (17), ottiene per il raggio di elettrone (r), l'espressione (18).

$$r = \pm \frac{n^2 \cdot \varepsilon_0 \cdot h^2}{\pi \cdot m_0 \cdot e^2 \cdot Z} \cdot \sqrt{1 \mp \frac{e^4 \cdot Z^2}{4 \cdot c^2 \cdot \varepsilon_0^2 \cdot h^2 \cdot n^2}} \qquad (18)$$

Fisicamente Là è solo La soluzione positiva (19).

$$r = + \frac{n^2 \cdot \varepsilon_0 \cdot h^2}{\pi \cdot m_0 \cdot e^2 \cdot Z} \cdot \sqrt{1 \mp \frac{e^4 \cdot Z^2}{4 \cdot c^2 \cdot \varepsilon_0^2 \cdot h^2 \cdot n^2}} \qquad (19)$$

La relazione che (19) sta scrivendo in in formato finale (20) [3].

$$r = \frac{n^2 \cdot \varepsilon_0 \cdot h^2}{\pi \cdot m_0 \cdot e^2 \cdot Z} \cdot \sqrt{1 \mp \frac{e^4 \cdot 2}{4 \cdot c^2 \cdot \varepsilon_0^2 \cdot h^2 \cdot n^2}} \qquad (20)$$

L'espressione (20) non è solo una nuova teoria per calcolare il raggio con quello che l'elettrone sta eseguendo intorno al nucleo di un atomo, è Anche Una veramente nuova teoria di un modello atomico, o una nuova teoria dei quanti.
Per un valore del numero di quanto n (per un numero atomico costante Z,) non abbiamo solo uno energicamente piano (piacciamo il modello Bohr.)
Ora possiamo trovare due energicamente sotto livelli, che formano uno strato elettronico, una nube elettronica. Ad esempio, per n=1, abbiamo due sublivelli (due sotto livelli) [1-2].

NOTAZIONI UTILIZZATE

La costante permissiva (il permittivity:)
$$\varepsilon_0 = 8.85418 \cdot 10^{-12} [\frac{C^2}{N \cdot m^2}];$$

La costante Planck:
$$h = 6.626 \cdot 10^{-34} [J \cdot s];$$

La massa di resto di elettrone:
$$m_0 = 9.1091 \cdot 10^{-31} [kg];$$

Il numero di Pythagoras:
$$\pi = 3.141592654;$$

Il carico elementare elettrico:
$$e = -1.6021 \cdot 10^{-19} [C];$$

La velocità leggera in vuoto:
$$c = 2.997925 \cdot 10^8 [\frac{m}{s}];$$

numero di quanto principale n=the (il numero di quanto Bohr);

Numero Z=the di protoni da il nucleo atomico (il numero atomico) [2].

DETERMINAZIONE dei DUE VALORI di VELOCITÀ DELL'ELETTRONE DIVERSI

Il rapporto (6") può essere scritto Nella forma (6''') [2].

$$16 \cdot m_0^2 \cdot c^2 \cdot \pi^2 \cdot \varepsilon_0^2 \cdot r^2 \cdot v^4 +$$
$$+ Z^2 \cdot e^4 \cdot v^2 - Z^2 \cdot e^4 \cdot c^2 = 0 \qquad (6''')$$

Può vedere facilmente che la relazione (6''') rappresenta un'equazione di due livello in v ^{2}.
Uno calcola v ^{2} con la formula (6 ^{IVa}).

$$v_{1,2}^2 = \frac{-Z^2 \cdot e^4 \pm \sqrt{Z^4 \cdot e^8 + 8^2 \cdot m_0^2 \cdot \pi^2 \cdot \varepsilon_0^2 \cdot c^4 \cdot Z^2 \cdot e^4 \cdot r^2}}{2 \cdot 16 \cdot m_0^2 \cdot c^2 \cdot \pi^2 \cdot \varepsilon_0^2 \cdot r^2} \qquad (6^{IVa})$$

Fisicamente c'è solo la soluzione positiva, e uno tiene esso per la relazione (6 ^{IV}) (solo il segno positivo) [2].

$$v^2 = \frac{-Z^2 \cdot e^4 + \sqrt{Z^4 \cdot e^8 + 8^2 \cdot m_0^2 \cdot \pi^2 \cdot \varepsilon_0^2 \cdot c^4 \cdot Z^2 \cdot e^4 \cdot r^2}}{2 \cdot 16 \cdot m_0^2 \cdot c^2 \cdot \pi^2 \cdot \varepsilon_0^2 \cdot r^2} \qquad (6^{IV})$$

Esso il contenitore pensa che la relazione (6 ^{IV}) dà solo una soluzione per la velocità elettrone squadrata (v ^{2}), ma realmente c'è due soluzioni per questo parametro, v ^{2}, perché il valore della raggio squadrata (r ^{2}) dà a due fisicamente soluzioni. Ha messo la relazione (6 ^{IV}) in la forma (6^V) [2].

$$v_{1,2}^2 = \frac{-1 + \sqrt{1 + \dfrac{8^2 \cdot m_0^2 \cdot \pi^2 \cdot \varepsilon_0^2 \cdot c^2}{Z^2 \cdot e^4} \cdot c^2 \cdot r^2}}{\dfrac{1}{2} \cdot \dfrac{8^2 \cdot m_0^2 \cdot c^2 \cdot \pi^2 \cdot \varepsilon_0^2}{Z^2 \cdot e^4} \cdot r^2} \qquad (6^V)$$

La formula (6^V) può essere scritto nella forma (6^{VI}), dove la costante k$_1$ porta alla forma (6^{VII}) [2].

$$v_{1,2}^2 = \frac{\sqrt{1+k_1 \cdot c^2 \cdot r^2} - 1}{\frac{k_1}{2} \cdot r^2} \qquad (6^{VI})$$

$$k_1 = \frac{8^2 \cdot m_0^2 \cdot \pi^2 \cdot \varepsilon_0^2 \cdot c^2}{Z^2 \cdot e^4} \qquad (6^{VII})$$

Ora uno avvia con relazione (6^{VI}) che può essere scritto nella forma (21).

$$v^2 = \frac{2 \cdot c^2}{\sqrt{1+k_1 \cdot c^2 \cdot r^2}+1} \qquad (21)$$

Uni annotate il radicale con R (vedete la relazione 22).

$$R = \sqrt{1+k_1 \cdot c^2 \cdot r^2} \qquad (22)$$

In relazione (22) uno introduce per r ^{2} che l'espressione (20) e l'esso ottengono la forma (22').

$$R = \sqrt{1+\frac{k_1 \cdot c^2}{k} \cdot (1 \mp \frac{2 \cdot \sqrt{k}}{c \cdot \sqrt{k_1}})} \qquad (22')$$

In relazione (22') uno cambia le due costanti k_1 e k con i due valori da espressioni il (6^{VII}) relativo (10') e esso ottengono perché (22') la forma (22") [2].

$$R = \sqrt{1 + \frac{8^2 m_0^2 \cdot \pi^2 \cdot \varepsilon_0^2 \cdot c^4 \cdot n^4 \cdot \varepsilon_0^2 \cdot h^4}{Z^2 \cdot e^4 \cdot \pi^2 \cdot m_0^2 \cdot e^4 \cdot Z^2} \cdot (1 \mp \frac{2\pi \cdot m_0 \cdot e^4 \cdot Z^2}{8n^2 \cdot \varepsilon_0^2 \cdot h^2 \cdot c^2})} \qquad (22'')$$

Uno ha messo l'espressione (22'') nella forma (22''').

$$R = \sqrt{1 + \frac{8^2 \cdot \varepsilon_0^4 \cdot c^4 \cdot h^4 \cdot n^4}{e^8 \cdot Z^4} (1 \mp \frac{e^4 \cdot Z^2}{4\varepsilon_0^2 \cdot c^2 \cdot h^2 \cdot n^2})} \qquad (22''')$$

L'espressione (22''') sarà scritto nella forma (22^{IV}).

$$R = \sqrt{1 + \frac{8^2 \cdot \varepsilon_0^4 \cdot c^4 \cdot h^4 \cdot n^4}{e^8 \cdot Z^4} \mp \frac{2 \cdot 8 \cdot \varepsilon_0^2 \cdot c^2 \cdot h^2 \cdot n^2}{e^4 \cdot Z^2}} \qquad (22^{IV})$$

L'espressione (22^{IV}) può essere limitato a le forme la (22^V) e il (22^{VI}).

$$R = \sqrt{\left(1 \mp \frac{8 \cdot \varepsilon_0^2 \cdot c^2 \cdot h^2 \cdot n^2}{e^4 \cdot Z^2}\right)^2} \qquad (22^V)$$

$$R = \left|1 \mp \frac{8 \cdot \varepsilon_0^2 \cdot c^2 \cdot h^2 \cdot n^2}{e^4 \cdot Z^2}\right| \qquad (22^{VI})$$

Uno annota con E l'espressione (23).

$$E = \frac{8 \cdot \varepsilon_0^2 \cdot c^2 \cdot h^2}{e^4} \cdot \frac{n^2}{Z^2} \qquad (23)$$

Questa espressione deve essere valutata.

$$E = \frac{8 \cdot 8.85418^2 \cdot 10^{-24} \cdot 2.997925^2 \cdot 10^{16}}{1.6021^4 \cdot 10^{-76}} \cdot$$
$$\cdot \frac{6.626^2 \cdot 10^{-68} \cdot n^2}{Z^2} = \frac{37564.06551 \cdot n^2}{Z^2} \qquad (23')$$

Per Zmax=92, abbiamo un minimo di espressione E (23")

$$E_{min} = 4.438098477 \cdot n^2 \qquad (23")$$

Può vedere facilmente quell'Emin > 1:

$$E_{min} \succ 1 \qquad (24)$$

Ora, uno può scrivere l'espressione (22^{VI}) nelle forme (22^{VII}) a e b:

$$R_1 = E - 1 \qquad (22^{VIIa})$$

$$R_2 = E + 1 \qquad (22^{VIIb})$$

Solo ora L'espressione (21) può essere valutata e si ridotta a due forme (21^Ia) e relativa (21^Ib).

$$v_1^2 = \frac{2 \cdot c^2}{E-1+1} \qquad (21^{Ia})$$

$$v_2^2 = \frac{2 \cdot c^2}{E+1+1} \qquad (21^{Ib})$$

I due rapporti prendono le forme (21^II) a e b:

$$v_1^2 = \frac{c^2}{\frac{E}{2}} \qquad (21^{IIa})$$

$$v_2^2 = \frac{c^2}{\frac{E}{2}+1} \qquad (21^{IIb})$$

Se uno sostituisce E con la sua espressione (23) ottiene per le velocità di elettrone i rapporti (21^III) a e b [2].

$$v_1^2 = \frac{e^4 \cdot Z^2}{4 \cdot \varepsilon_0^2 \cdot h^2 \cdot n^2} \qquad (21^{IIIa})$$

$$v_2^2 = \frac{c^2}{\dfrac{4 \cdot \varepsilon_0^2 \cdot c^2 \cdot h^2 \cdot ^2}{e^4 \cdot Z^2} + 1} \qquad (21^{\text{IIIb}})$$

DETERMINAZIONE delle MASSE E L'ENERGIA DELL'ELETTRONE ATOMICO IN MOVIMENTO

Le velocità squadrate esatte possono essere scritte nelle forme (25, 26) [2].

$$r_- = r_1 \Rightarrow v_1^2 = \frac{e^4 \cdot Z^2 \cdot c^2}{4 \cdot \varepsilon_0^2 \cdot c^2 \cdot h^2 \cdot n^2} \qquad (25)$$

$$r_+ = r_2 \Rightarrow v_2^2 = \frac{e^4 \cdot Z^2 \cdot c^2}{4 \cdot \varepsilon_0^2 \cdot c^2 \cdot h^2 \cdot n^2 + e^4 \cdot Z^2} \qquad (26)$$

Con queste velocità uno può scrivere le due masse adeguate (27), (28) [2].

$$r_- = r_1 \Rightarrow m_1 = \frac{m_0}{\sqrt{1 - \dfrac{e^4 \cdot Z^2}{4 \cdot \varepsilon_0^2 \cdot c^2 \cdot h^2 \cdot n^2}}} \qquad (27)$$

$$r_+ = r_2 \Rightarrow m_2 = \frac{m_0}{\sqrt{1 - \dfrac{e^4 \cdot Z^2}{4 \cdot \varepsilon_0^2 \cdot c^2 \cdot h^2 \cdot n^2 + e^4 \cdot Z^2}}} \qquad (28)$$

L'energia di elettrone totale può essere scritta nelle forme (29) e (30) [2].

$$r_- = r_1 \Rightarrow W_1 = \frac{m_0 \cdot c^2}{\sqrt{1 - \dfrac{e^4 \cdot Z^2}{4 \cdot \varepsilon_0^2 \cdot c^2 \cdot h^2 \cdot n^2}}} \qquad (29)$$

$$r_+ = r_2 \Rightarrow W_2 = \frac{m_0 \cdot c^2}{\sqrt{1 - \dfrac{e^4 \cdot Z^2}{4 \cdot \varepsilon_0^2 \cdot c^2 \cdot h^2 \cdot n^2 + e^4 \cdot Z^2}}} \qquad (30)$$

La possibile frequenza di pompare, tra il due vicino a energicamente sotto livelli può essere scritta nella forma (31) [2].

$$v = \frac{W_1 - W_2}{h} = \frac{m_0 \cdot c^2}{h} \cdot$$

$$\cdot \left[\frac{1}{\sqrt{1 - \frac{e^4 \cdot Z^2}{4 \cdot \varepsilon_0^2 \cdot c^2 \cdot h^2 \cdot n^2}}} - \frac{1}{\sqrt{1 - \frac{e^4 \cdot Z^2}{4 \cdot \varepsilon_0^2 \cdot c^2 \cdot h^2 \cdot n^2 + e^4 \cdot Z^2}}} \right] \quad (31)$$

LE *POSSIBILI* FREQUENZE LASER

Nella tabella 1, uno può vedere il possibile LASER pompando frequenze (tutto in dominio visibile $4.34*10^{14}$ ÷ $6.97*10^{14}$ [Hz,]) ha calcolato per numero di quanto principale diverso n.

The possible L A S E R pumping frequencies   Table 1

n	Z	$[zH]\nu$	Element	n	Z	$[zH]\nu$	Element
2	15	=5.54942E14	P		78	=4.43344E+14	Pt
	22	=5.072E14	Ti		79	=4.66537E+14	Au
3	23	=6.0598E14	V		80	=4.90629E+14	Hg
	29	=4.8452E+14	Cu		81	=5.15642E+14	Tl
	30	=5.54942E+14	Zn		82	=5.41601E+14	Pb
4	31	=6.32782E+14	Ga		83	=5.68529E+14	Bi
	36	=4.71283E+14	Kr		84	=5.96449E+14	Po
	37	=5.25911E+14	Rb		85	=6.25386E+14	At
	38	=5.8516E+14	Sr		86	=6.55364E+14	Rn
5	39	=6.49284E+14	Y	11	87	=6.86408E+14	Fr
	43	=4.6261E+14	Tc		85	=4.41451E+14	At
	44	=5.072E+14	Ru		86	=4.6261E+14	Rn
	45	=5.54942E+14	Rh		87	=4.8452E+14	Fr
	46	=6.0598E+14	Pd		88	=5.072E+14	Ra
6	47	=6.60463E+14	Ag		89	=5.30668E+14	Ac
	50	=4.56488E+14	Sn		90	=5.54942E+14	Th
	51	=4.94145E+14	Sb		91	=5.8004E+14	Pa
	52	=5.34086E+14	Te		92	=6.0598E+14	U
	53	=5.76403E+14	I		93	=6.32782E+14	Np
	54	=6.21189E+14	Xe		94	=6.60463E+14	Pu
7	55	=6.68536E+14	Cs	12	95	=6.89044E+14	Am

	57=4.51937E+14	La			92=4.39854E+14	U
	58=4.8452E+14	Ce			93=4.59306E+14	Np
	59=5.18835E+14	Pr			94=4.79396E+14	Pu
	60=5.54942E+14	Nd			95=5.00139E+14	Am
	61=5.92904E+14	Pm			96=5.21548E+14	Cm
	62=6.32782E+14	Sm			97=5.43638E+14	Bk
8	63=6.7464E+14	Eu			98=5.66422E+14	Cf
	64=4.48422E+14	Gd			99=5.89916E+14	Es
	65=4.77132E+14	Tb			100=6.14134E+14	Fm
	66=5.072E+14	Dy			101=6.39091E+14	Md
	67=5.38669E+14	Ho			102=6.64801E+14	No
	68=5.71581E14	Er		13	103=6.9128E+14	Lw
	69=6.0598E+14	Tm			99=4.38489E+14	Es
	70=6.4191E+14	Yb			100=4.56488E+14	Fm
9	71=6.79416E+14	Lu			101=4.75037E+14	Md
	71=4.45624E+14	Lu			102=4.94145E+14	No
	72=4.71283E+14	Hf			103=5.13824E+14	Lr
	73=4.98035E+14	Ta			104=5.34086E+14	Rf
	74=5.25911E+14	W		14	105=5.54942E+14	Db
	75=5.54942E+14	Re				
	76=5.8516E+14	Os				
	77=6.16596E+14	Ir				
	78=6.49284E+14	Pt				
10	79=6.83255E+14	Au				

LE FREQUENZE E CONCLUSIONI LASER

Se il secondo valore della velocità non esiste fisicamente, dobbiamo calcolare il nuovo modello atomico appena per il nuovo primo valore, con i rapporti successivi:

$$r = \frac{n^2 \cdot \varepsilon_0 \cdot h^2}{\pi \cdot m_0 \cdot e^2 \cdot Z} \cdot \sqrt{1 - \frac{e^4 \cdot Z^2}{4 \cdot c^2 \cdot \varepsilon_0^2 \cdot h^2 \cdot n^2}} \qquad (20')$$

$$v^2 = \frac{e^4 \cdot Z^2}{4 \cdot \varepsilon_0^2 \cdot h^2 \cdot n^2} \qquad (25')$$

$$m = \frac{m_0}{\sqrt{1 - \frac{e^4 \cdot Z^2}{4 \cdot \varepsilon_0^2 \cdot c^2 \cdot h^2 \cdot n^2}}} \qquad (27')$$

$$W = \frac{m_0 \cdot c^2}{\sqrt{1 - \frac{e^4 \cdot Z^2}{4 \cdot \varepsilon_0^2 \cdot c^2 \cdot h^2 \cdot n^2}}} \qquad (29')$$

$$\gamma = \frac{m_0 \cdot c^2}{h} \left(\frac{1}{\sqrt{1 - \frac{e^4 \cdot Z^2}{4 \cdot \varepsilon_0^2 \cdot c^2 \cdot h^2 \cdot n_1^2}}} - \frac{1}{\sqrt{1 - \frac{e^4 \cdot Z^2}{4 \cdot \varepsilon_0^2 \cdot c^2 \cdot h^2 \cdot n_2^2}}} \right) \qquad (31')$$

Lo pompando frequenza richiesta per ottenere la transizione degli elettroni tra due energicamente i livelli possono essere scritti nella forma (31.)

Nella tabella 2, uno può vedere il LASER pompare frequenze.

Tutte le frequenze sono fuori da area visibile. Uno può fare Frequenza raggio X Ultravioletto LASER.

Il valore sfrontato può essere utilizzato a marca uno Rubin (Crystal) LASER .

 La carta realizza un nuovo modello atomico e un nuovo teoria dei quanti (relazione 20.)

 Esso determina anche lo La frequenza di pompare per la transizione tra due energicamente livella con possibili applicazioni in industria LASER, MASER, IRASER (relazione 31.)

The pumping frequencies, between two nearer level   Table 2

Z	ν	El n_1-n_2	Z	ν	Element	Z	ν	Element
1		H	2		He	3	2.22122E+16	Li 1-2
4	3.95022E+16	Be 1-2	5	6.17499E+16	B 1-2	6	8.89688E+16	C 1-2
7	1.21175E+17	N 1-2	8	1.58388E+17	O 1-2	9	2.00631E+17	F 1-2
10	2.47929E+17	Ne 1-2	11	5.53738E+16	Na 2-3	12	6.59213E+16	Mg 2-3
13	7.73939E+16	Al 2-3	14	8.97936E+16	Si 2-3	15	1.03123E+17	P 2-3
16	1.17383E+17	S 2-3	17	1.32578E+17	Cl 2-3	18	1.48709E+17	Ar 2-3
19	5.7866E+16	K 3-4	20	6.41348E+16	Ca 3-4	21	7.07288E+16	Sc 3-4
22	7.76485E+16	Ti 3-4	23	8.48944E+16	V 3-4	24	9.24672E+16	Cr 3-4
25	1.00368E+17	Mn 3-4	26	1.08596E+17	Fe 3-4	27	1.17153E+17	Co 3-4
28	1.2604E+17	Ni 3-4	29	1.35258E+17	Cu 3-4	30	1.44806E+17	Zn 3-4
31	1.54686E+17	Ga 3-4	32	1.64899E+17	Ge 3-4	33	1.75446E+17	As 3-4
34	1.86327E+17	Se 3-4	35	1.97544E+17	Br 3-4	36	2.09097E+17	Kr 3-4
37	1.01887E+17	Rb 4-5	38	1.07502E+17	Sr 4-5	39	1.1327E+17	Y 4-5
40	1.19192E+17	Zr 4-5	41	1.25268E+17	Nb 4-5	42	1.31498E+17	Mo 4-5
43	1.37882E+17	Tc 4-5	44	1.44421E+17	Ru 4-5	45	1.51116E+17	Rh 4-5
46	1.57966E+17	Pd 4-5	47	1.64972E+17	Ag 4-5	48	1.72134E+17	Cd 4-5
49	1.79453E+17	In 4-5	50	1.86928E+17	Sn 4-5	51	1.94561E+17	Sb 4-5
52	2.02352E+17	Te 4-5	53	2.10301E+17	I 4-5	54	2.18408E+17	Xe 4-5
55	1.22612E+17	Cs 5-6	56	1.2715E+17	Ba 5-6	57	1.31772E+17	La 5-6
58	1.36479E+17	Ce 5-6	59	1.41271E+17	Pr 5-6	60	1.46147E+17	Nd 5-6
61	1.51109E+17	Pm 5-6	62	1.56157E+17	Sm 5-6	63	1.6129E+17	Eu 5-6
64	1.66508E+17	Gd 5-6	65	1.71813E+17	Tb 5-6	66	1.77203E+17	Dy 5-6
67	1.8268E+17	Ho 5-6	68	1.88243E+17	Er 5-6	69	1.93893E+17	Tm 5-6
70	1.9963E+17	Yb 5-6	71	2.05453E+17	Lu 5-6	72	2.11364E+17	Hf 5-6
73	2.17362E+17	Ta 5-6	74	2.23448E+17	W 5-6	75	2.29621E+17	Re 5-6
76	2.35883E+17	Os 5-6	77	2.42232E+17	Ir 5-6	78	2.4867E+17	Pt 5-6
79	2.55197E+17	Au 5-6	80	2.61813E+17	Hg 5-6	81	2.68517E+17	Tl 5-6
82	2.75311E+17	Pb 5-6	83	2.82195E+17	Bi 5-6	84	2.89168E+17	Po 5-6
85	2.96231E+17	At 5-6	86	3.03385E+17	Rn 5-6	87	1.8618E+17	Fr 6-7
88	1.90549E+17	Ra 6-7	89	1.94972E+17	Ac 6-7	90	1.99447E+17	Th 6-7
91	2.03976E+17	Pa 6-7	92	2.08557E+17	U 6-7	93	2.13193E+17	Np 6-7
94	2.17881E+17	Pu 6-7	95	2.22624E+17	Am 6-7	96	2.2742E+17	Cm 6-7
97	2.3227E+17	Bk 6-7	98	2.37174E+17	Cf 6-7	99	2.42131E+17	Es 6-7
100	2.47144E+17	Fm 6-7	101	2.5221E+17	Md 6-7	102	2.57331E+17	No 6-7
103	2.62506E+17	Lr 6-7	104	2.67736E+17	Rf 6-7	105	2.73021E+17	Db 6-7

BIBLIOGRAFIA

[1] David Halliday; Robert; .; R - *Fisica, Parte II,* Editazione. John Wiley & Sons, Inc. - New York, London, Sydney, 1966;
[2] Petrescu F.I., *Il movement di un elettrone intorno al nucleo atomico* In ICOME 2010, Craiova, 2010.

SEE YOU SOON!

www.ingramcontent.com/pod-product-compliance
Lightning Source LLC
Chambersburg PA
CBHW021018180526
45163CB00005B/2018